温会会 / 编　北视国 / 绘

浙江人民美术出版社

作为最常见的水果之一，苹果受到世界各地的人们的喜爱。它美味多汁，有益于身体健康，在很久很久以前就已经被栽培起来了。除此之外，你一定还听过苹果启发了牛顿发现万有引力的故事！

不只是人类，小动物也非常喜爱苹果。瞧，它们吃得多香啊！

当苹果的种子掉落到地上，很快会被松软的土壤像被子一样覆盖起来。它们一边在黑暗中睡觉，一边耐心等待破土而出的时机。

在充分汲取阳光、空气、雨露、泥土给予的养分后，小树苗稳稳地扎好根，开始茁壮成长啦！

冬天，果农会给小苹果树“理发”。咔嚓！咔嚓！剪除密挤的树枝和病虫枝，整好树形，让喜欢晒太阳的小苹果树得到更全面的光照！

苹果树的开花期由生长地的气候决定，通常集中在 4 至 5 月。许多小蜜蜂飞来，一边吮吸花蜜，一边授粉。这期间果农会进行“疏花”——就是摘去一些花朵。不然果实长得太密，营养供不应求，就会影响到苹果的品质。

浇水、施肥轮番上阵，苹果树每天吃得饱饱的，没多久，幼小的青果就呼啦啦冒出了头！

坏天气和各种害虫都会对苹果树造成危害。为了保护小苹果们顺利长大，人们想了很多办法——搭建防冰雹网，放置捕鼠器、飞蛾诱捕器，种植能吸引蚜虫的野草，为苹果套袋以防止被鸟啃食，避免被杀虫剂直接接触。

收获的季节到了！沉甸甸的苹果将树枝都压弯了腰。果农小心翼翼地托着苹果轻轻摘下，不让它被磕碰到。

水果站的工作人员会对苹果进行分拣，清理掉品质不佳的苹果，确保每一个被我们买到的都是完整、饱满的好苹果！

24小时超市

全世界有 7500 多种苹果，不过，并不是所有苹果都适合生吃，有些品种更适合拿来做菜、榨汁、制果酱或者酿酒。

苹果富含水分、矿物质和维生素，一个苹果就是一个营养小仓库！如果不是有机种植的苹果，最好认真清洗或削皮后再吃。

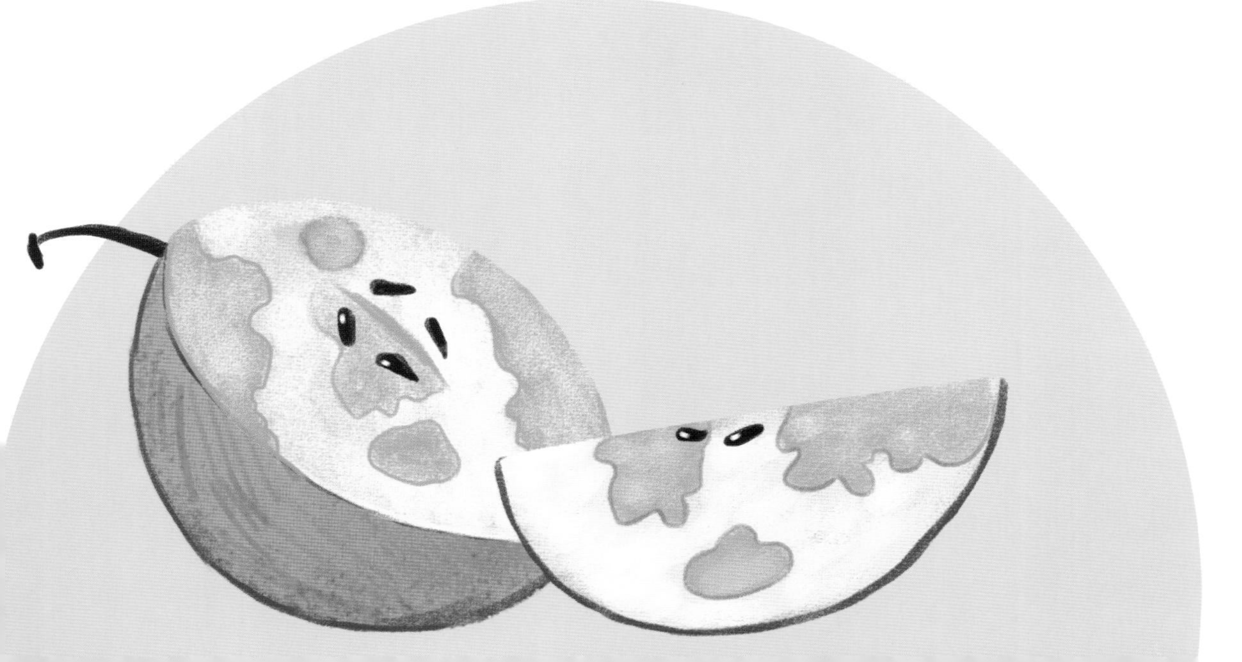

从种子到长成一棵枝繁叶茂的苹果树，大约需要3 至 5 年，甚至更久。这是大自然的生长规律，就像孩子也需要时间慢慢成长一样，要耐心培育和等待。

图书在版编目（CIP）数据

苹果，你从哪里来 / 温会会编 ; 北视国绘 . -- 杭州 : 浙江人民美术出版社， 2022.2
（水果背后的秘密系列）
ISBN 978-7-5340-9352-4

Ⅰ . ①苹… Ⅱ . ①温… ②北… Ⅲ . ①苹果—儿童读物 Ⅳ . ① S661.1-49

中国版本图书馆 CIP 数据核字 (2022) 第 018452 号

责任编辑：郭玉清
责任校对：黄　静
责任印制：陈柏荣
项目策划：北视国

水果背后的秘密系列

苹果，你从哪里来　　温会会　编　北视国　绘

出版发行：浙江人民美术出版社
地　　址：杭州市体育场路 347 号
经　　销：全国各地新华书店
制　　版：北京北视国文化传媒有限公司
印　　刷：山东博思印务有限公司
开　　本：889mm×1194mm　1/16
印　　张：2
字　　数：20 千字
版　　次：2022 年 2 月第 1 版
印　　次：2022 年 2 月第 1 次印刷
书　　号：ISBN 978-7-5340-9352-4
定　　价：39.80 元